BEI GRIN MACHT SICH IHR WISSEN BEZAHLT

- Wir veröffentlichen Ihre Hausarbeit, Bachelor- und Masterarbeit

- Ihr eigenes eBook und Buch - weltweit in allen wichtigen Shops

- Verdienen Sie an jedem Verkauf

Jetzt bei www.GRIN.com hochladen und kostenlos publizieren

Alexander Prechtel

Indigo. Der Farbstoff der Blue Jeans

Experimente zur Beständigkeit

GRIN Verlag

Bibliografische Information der Deutschen Nationalbibliothek:

Die Deutsche Bibliothek verzeichnet diese Publikation in der Deutschen National-
bibliografie; detaillierte bibliografische Daten sind im Internet über http://dnb.d-
nb.de/ abrufbar.

Impressum:

Copyright © 2011 GRIN Verlag GmbH
Druck und Bindung: Books on Demand GmbH, Norderstedt Germany
ISBN: 978-3-656-59876-3

Dieses Buch bei GRIN:

http://www.grin.com/de/e-book/268877/indigo-der-farbstoff-der-blue-jeans

INHALTSVERZEICHNIS

1. EINLEITUNG

Meine alte Jeans, die erstaunlicherweise schon vier harte Jahre hinter sich hat, zeigt allmählich die ersten Verschleißerscheinungen. Sie sieht schon ziemlich mitgenommen aus. Andererseits war das Kleidungsstück auch das, was ich im Jahr immer am meisten getragen habe, sei es im Winter oder im Sommer, daheim oder im Urlaub, in der Schule oder im Kino. Überall wo man ist, muss die Jeans robust sein und gut aussehen.

An manchen sehr beanspruchten Stellen schimmert das helle kräftige Denim - Gewebe durch. Auch mit jeder Wäsche in der Waschmaschine verliert die Jeans immer etwas an Farbe und damit an Indigo.

In unserer heutigen Zeit liegen gerade wieder die unregelmäßigen Färbungen und Waschungen im Trend. Da gibt es die „Stone - washed-", „Diamond - washed-" oder die „Used - Jeans" und noch viele andere Arten mehr. Doch auch meine Jeans hat im Laufe der Zeit einen „Used - Look" erhalten. Sie wird wohl noch einige Zeit im Kleiderschrank hängen und nicht so schnell in der Alt-Kleider-Sammlung landen.

Doch was steckt eigentlich hinter diesen Blue Jeans?

In dieser Arbeit möchte ich mich damit auseinandersetzen, was den Farbstoff der Jeans, nämlich den Indigo, so besonders macht. Wie wird eine Jeans in der Industrie eigentlich so blau gefärbt, und warum ist sie gerade blau?

Des Weiteren werde ich die Erfolgsgeschichte der Jeans betrachten. Wie kam es eigentlich zu diesem weltweit verbreitetem Produkt?

Außerdem werde ich anhand meiner alten, beanspruchten Jeans erforschen, wie resistent ein solches Kleidungsstück gegenüber Chemikalien und Umwelteinflüssen ist.

2. Indigo: Der Farbstoff der Blue Jeans
Experimente zur Beständigkeit

2.1 Der Jeansfarbstoff Indigo

2.1.1 Das natürliche Vorkommen

Den Farbstoff und die Farbe „Blau" findet man in Flora und Fauna nur selten. Alle anderen Farben wie gelb, rot, violett und vor allem die grüne Farbe der Blätter kann man in der Natur sehr häufig sehen. Diese Farben wirken fast schon ein bisschen langweilig. Die Farbe „Blau" ist schon etwas ganz Besonderes. Dies verdeutlicht auch die hohe Wertschätzung, wie der Begriff „königsblau". Auch in der Romantik sehnte sich Novalis Protagonist Heinrich von Ofterdingen nach der „Blauen Blume".

Eine Möglichkeit, doch auf die blaue Farbe in der Natur zu stoßen, hat sie uns allerdings gegeben. In der Natur gibt es zwei große Pflanzenfamilien, die nach Extraktion und Verarbeitung einen blauen Farbstoff hervorbringen, den Indigo.

Eine Möglichkeit, Indigo zu gewinnen, liegt darin, Indigofera zu verarbeiten - Gewächse, die in tropischen und subtropischen Gebieten, wie z.B. Sri Lanka, Madagaskar, Antillen, beheimatet sind. Die Botanik kennt über 700 Indigofera - Arten, wobei nur die Art *Indigofera tinctoria* einen ausreichend hohen Farbstoffgehalt hat, um Indigo herzustellen.

Die andere Möglichkeit zur Gewinnung des Indigos liegt im „Färberwaid". Der Kreuzblütler heißt *Isatis tinctoria* und wächst in gemäßigten Zonen. Färberwaid wurde früher auch in Deutschland angebaut.

Abb.2: Indigofera tinctoria

Abb.3: Isatis tinctoria

Mit Färberwaid färbte man im europäischen Raum und es wurde seit den Germanen zur Blaufärbung von Textilien verwendet. Im Mittelalter expandierte der Waidanbau zu einem richtigen Handel, der mit dem heutigen Weinhandel vergleichbar ist. Es gab sog. Waidstädte, wie z.B. Erfurt, verschiedene Waidqualitäten etc. Der Niedergang des Waidanbaus und -handels hatte folgende Gründe: Erstens waren die Waidäcker durch den ständigen Anbau ausgelaugt, und zweitens brachten die Portugiesen den „echten" Indigo auf dem Seeweg aus Indien nach Europa.

Der Import von *Indigofera tinctoria* aus den Tropen hatte viele Vorteile gegenüber dem europäischen Waid: Der Indigo aus dieser Pflanze war qualitativ hochwertiger, da der Farbstoffgehalt um ca. 30mal höher ist als im Waid. Außerdem war der indische Indigo trotz des langen Transportweges billiger, da die Plantagen in Indien durch den Einsatz billiger Arbeitskräfte günstig betrieben wurden. Warum sollte man dann noch aufgrund dieser Vorzüge den schlechteren Waid in Europa anbauen? Hierfür gab es keine Gründe mehr.

Bis zur Erfindung der künstlichen Synthese im Labor wurde Indigo fortan aus den Tropen importiert. Auch Importverbote mit harten Strafen konnten dies nicht unterbinden.

Das Interessante an den Pflanzen ist, dass sie beide schon im Mittelalter durch biochemische und biotechnologische Methoden verarbeitet wurden. In den Pflanzen liegt der Farbstoff nicht als solcher vor, sondern nur in einer farblosen Vorstufe, die das Zuckermolekül **Indican** ist. Durch Gärung und Oxidation wird Indican über **Indoxl** zum blauen Farbstoff Indigo (s. Anhang 1).

2.1.2 Die farbige Struktur und chemische Eigenschaften

Jetzt stellt sich die Frage, was dieses Indigofarbstoffmolekül so besonders macht, von dem eine so große, jahrhundertlange Faszination ausgeht. Die Struktur wurde erst relativ spät, 1883, von dem deutschen Chemiker Adolf von Baeyer (1835-1917) (s.Anhang 2) entdeckt. Die exakte Struktur wurde erst 1928 mit Hilfe der Röntgenstrukturanalyse ermittelt.

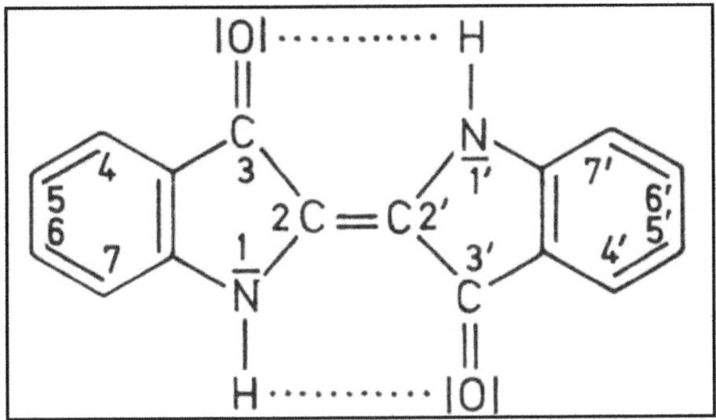

Abb.4: Indigomolekül

Das Indigomolekül besteht aus zwei Indoxylmolekülen, die durch eine C=C Doppelbindung miteinander verbunden sind. Der Grund für die tiefblaue Farbe ist das doppelt gekreuzte konjugierte Elektronensystem, das sog. Grundchromophor. Außerdem liegt ein bathochromer Effekt mit Auxochromen (-NH) und Antiauxochromen (-CO) vor. Dieser sorgt dafür, dass das Absorptiosspektrum in den längerwelligen Bereich verschoben wird, was bedeutet, dass das Indigomolekül Licht roter Wellenlänge absorbiert und damit seine Komplementärfarbe blau emittiert. Dadurch erscheint das kristalline Indigopulver tiefblau.

Im Molekül liegen zwei intramolekulare Wasserstoffbrücken vor, was für einen festen Aggregatzustand, für eine hohe Siedetemperatur von 390°C und eine Unlöslichkeit in Wasser sorgt. Außerdem kommt das Molekül nur in der E (trans) - Konfiguration vor. Eine Z (cis) - Konfiguration konnte man bislang noch nicht finden. Die beiden Benzolringe rechts und links sind für die Farbe und die Eigenschaften eher weniger ausschlaggebend.

2.1.3 Die technische Synthese

Die technische Synthese war eine der größten Leistungen in der gesamten Geschichte des Indigos. Man wollte nicht mehr abhängig sein von dem relativ teuren Importindigo, sondern Indigo im eigenen Land herstellen. Doch dafür musste „nur" der richtige Syntheseweg gefunden werden. Der Chemiker Adolf von Baeyer sah dies als seine Lebensaufgabe an. „Fünfzehn Jahre nach seinem Einstieg in dieses Forschungsthema glaubte (er) erstmals eine Möglichkeit zur künstlichen Herstellung von Indigo zu sehen, die „die Frucht einer langen Reihe systematischer und innig miteinander verbundenen Experimentaluntersuchungen" war". [1]

Im Jahre 1880 wurde Baeyers Indigosynthese, ausgehend von Phenylessigsäure, patentiert (s.Anhang 3); allerdings ohne Kenntnis der genauen Indigoformel, die er erst drei Jahre später ermittelte.

Bei Baeyers Indigosynthese handelt es sich um eine Kondensationsreaktion:

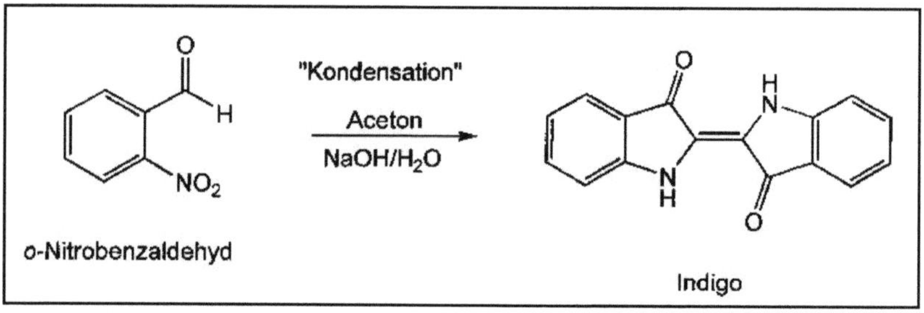

Abb.5: Baeyers Indigosynthesereaktion

Der Reaktionsmechanismus dieser Kondensation jedoch ist selbst heutzutage noch nicht vollständig geklärt. Dieses Verfahren existierte nur auf dem Papier und im Labor; es wurde nie großtechnisch umgesetzt, da es sich als zu kostspielig erwies.

Ausgangsstoff für o-Nitrobenzaldehyd ist Toluol (Methylbenzol), von dem jedoch nur ca. 6000 t pro Jahr produziert werden konnten und schon allein 4 t für die Synthese von 1 t Indigo benötigt wurden.

---

[1] Matthias Seefelder: Indigo: Kultur, Wissenschaft und Technik, ecomed Verlag,
    Landsberg, 1994, 2.Aufl., S.55

Die Idee der Indigosynthese wäre fast schon wieder in Vergessenheit geraten, wenn nicht der Chemiker Karl Heumann (1851-1894) einen anderen, für die Industrie günstigeren Weg, entdeckt hätte. Er hatte sogar zwei Synthesen gefunden. Bei der sogenannten „1. Heumannschen Synthese" wird Anilin als Ausgangsstoff in einer Kondensationsreaktion mit anschließender Oxidation zum Indigo umgewandelt. Bei der sogenannten „2. Heumannschen Synthese", welche der Chemiekonzern BASF anwendet, dient als Ausgangsstoff N-Phenylglycin-o-carbonsäure.

Der Vorteil beider Synthesewege bestand darin, dass alle Ausgangsstoffe, nämlich Anilin, Essigsäure, Chlor und Alkali von der BASF produziert werden konnten, was eine äußerst kostengünstige Herstellung ermöglichte.

Dies hatte zur Folge, dass nach langjähriger Forschungszeit der von der BASF und den Farbwerken Hoechst hergestellte synthetische Indigo kommerziell hergestellt werden konnte. Die Indigoforschung war ein gewaltiges Projekt, das der BASF insgesamt 18 Millionen Goldmark kostete.

Kurz nach dem Verkaufsstart gab es eine weitere technische Vereinfachung. Johannes Pfleger hatte in der Chemikalie Natriumamid ein geniales Kondensationsmittel entdeckt, welches den Ringschluss der N-Phenylglycin-o-carbonsäure erleichtert:

Abb.6

Abb.7

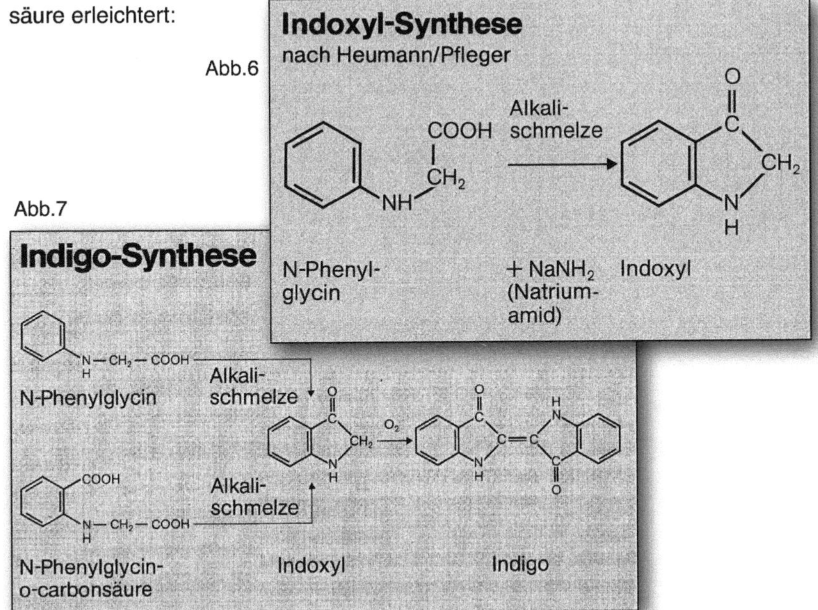

2.1.4 Die Küpenfärbung

Der Farbstoff Indigo hat keine „leichte" Färbetechnik, sondern er zählt zu den Küpenfarbstoffen. Was heißt das? Da Indigo wasserunlöslich ist, kann er nicht direkt zum Färben verwendet werden. Für eine Färbung benötigt man jedoch eine wässrige Lösung, die man mit Indigo nicht herstellen kann.

Deshalb muss der unlösliche Indigo wasserlöslich gemacht werden. Dies geschieht, indem der Indigo in einer alkalischen Reduktion mit dem Reduktionsmittel Natriumdithionit ($Na_2S_2O_4$) unterzogen wird. Dadurch entsteht die sogenannte Leukoform, die wasserlöslich ist und in die Faser eindringen kann. Durch eine anschließende Oxidation (z.B. mit Luftsauerstoff) bildet sich auf der Faser wieder der Indigo, der blaue Farbstoff.

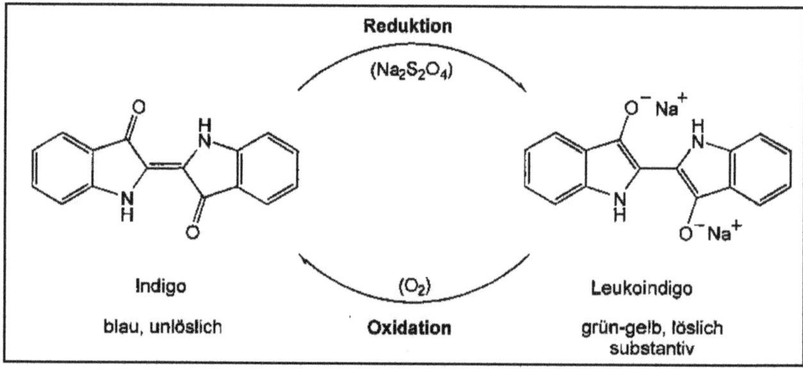

Abb.8: Redoxreaktionsschema

Für eine schematische Darstellung siehe Anhang 4.

Dieses Färbeverfahren wird schon seit dem Mittelalter angewendet. Es heißt Küpenfärbung, da in hölzernen Kübeln gefärbt wurde (s. Anhang 5).
Früher gab es natürlich noch kein Reduktionsmittel wie Natriumdithionit, aber man fand heraus, dass eine Urinküpe und eine Honigküpe, in der Bakterien das reduzierende Mittel waren, auch zur Leukoform und damit zur blauen Färbung führten.

Der Küpenfärbungsversuch ist unter „2.3.1 Versuch: Küpenfärbung " zu finden.

2.2 Die Entwicklung der Jeans

Die Verwendung und Wertschätzung des Farbstoffs Indigo hat sich über Jahrhunderte - ja sogar Jahrtausende - stark verändert.

Zuerst möchte ich auf die Verwendung des Indigos in der Antike, im Mittelalter und bis hin zur frühen Neuzeit eingehen. Dabei werde ich auch die verschiedene Regionen und Kulturen der Erde betrachten.

Darauffolgend beleuchte ich seine heutige Verwendung, z.B. bei der Blaufärbung der Jeans. Unter diesem Aspekt erläutere ich auch, wie die Jeans zu einem weltweit verbreiteten Produkt geworden ist.

2.2.1 Frühere Verwendung des Indigos

Um die Verwendung des Indigos in früheren Zeiten herauszufinden, muss man sehr weit in die Geschichte zurückgehen. In alten Ausgrabungsstätten berühmter ägyptischer Pharaonen aus dem 3. Jahrtausend v.Chr. fand man Reste von Indigo in Mumienbändern. In den Ausgrabungsstätten von Mohenjo Daro (Pakistan) wurden Mulden freigelegt, in denen mit Indigo gefärbt wurde. In den Ritzen findet man selbst heute noch Indigoreste (s. Anhang 6). Dies ist ein überzeugender Beweis für die relativ gute Beständigkeit des Indigos.

In der Römerzeit wurde Indigo als Farbe für Kriegsbemalung verwendet. Plinius erzählt von einer Schlacht römischer Legionen gegen die Kelten in Britannien im Jahre 44/45 v.Chr.: „Alle Briten färben sich selbst mit Waid, was sie blau macht, in der Absicht, daß in der Schlacht ihre Erscheinung schrecklicher würde".[1]

Auch Julius Caesar spricht in seinem Werk „De Bello Gallico" an mehreren Stellen von Galliern, die sich ihre Körper und Schilde mit Färberwaid blau angemalt hatten. Dass man damit auch Kleidung färben konnte, hatte damals noch niemand gedacht.

---

[1] Matthias Seefelder: Indigo: Kultur, Wissenschaft und Technik, ecomed Verlag, Landsberg, 1994, 2.Aufl., S.23

Im Mittelalter kam es dann zu einer „Blaulücke" in Europa. In dieser Zeit war es nicht möglich, Indigo herzustellen, so dass man, um klare, tiefe Blautöne zu erzielen, extrem teure und exklusive Edelsteine (Lapislazuli) verwendet hat. Das blaue Pulver wurde sogar mit Gold gleichgesetzt. Dies hatte zur Folge, dass die blaue Farbe meist der heiligen Madonna sowie Kaisern und Königen vorbehalten war (s. Anhang 7).

Auch die Kulturvölker Amerikas färbten mit Indigo. Sowohl die Inka als auch die Maya haben mit pflanzlichem Material blau gefärbt. Bei den Inkas stand die Garnfärberei im Mittelpunkt.

Abb.9: Im Grab einer Inka-Dame fand sich ein Handarbeitskorb mit mehreren Baumwollknäueln (...). Die meisten Naturfarbstoffe sind in der langen Zeit im Grab ausgebleicht, aber der stabile Indigo hat seinen Farbton erhalten.

Die Maya hingegen verwendeten den Indigo in der Malerei. Dieses Volk war der „Malermeister". Sie färbten mit dem sogenannten „Maya - Blau" und stellten so eindrucksvolle Keramiken her.

Abb.10: Diese aus dem Hochland von Mexiko stammende Figur hatte einen blauen Halsring, dessen Indigoreste man noch erkennen kann.

Wie zur Zeit von Plinius und Caesar benutzten auch die Indianer im Amazonas den Indigo als Körperbemalung. Die dunkle Farbe gab dem Körper ein schreckliches Aussehen. Ferner verwendeten auch Frauen aus Nordindien und Tadschikistan Indigo als Schminke für Brauen und Lider.

Im 19. und 20. Jahrhundert wurde der „Indigo rein BASF" hauptsächlich von Kulturen mit alter Handwerkstradition verwendet.

So zum Beispiel die Tuareg, die mit Indigo ihre Wüstengewänder färbten. Bei der Teppichherstellung im Vorderen Orients, wie z.B. Afghanistan, wurde der Indigo zum Blaufärben hergenommen. Für den dorthin exportierten Indigo fertigte die BASF sogar Exportetiketten an:

Abb.11

Die industrielle Herstellung von Indigo ging jedoch stark zurück, da man keine weiteren Verwendungszwecke dafür hatte. Die BASF wollte Mitte der 60er Jahre die Indigoproduktion auslaufen lassen, wenn nicht irgendein „Wunder" geschähe.

2.2.2 Die „Jeans-Revolution" durch Levis Strauss

Das „Wunder" geschah tatsächlich. Wie so viele Dinge und Neuheiten kam es aus den USA. 1850 kam der zwanzigjähriger Kaufmann Levi Strauss aus Bayern nach San Francisco. Dort herrschte Goldgräberstimmung und die Männer hatten keine strapazierfähige Arbeitskleidung. So hatte Strauss die Idee, aus alten Segeln, Zeltbahnen und Wagenplanen Kleidung zu nähen und diese mit Indigo zu färben. Dies wurde zu einem großen Erfolg. Das feste gefärbte Tuch nannte sich „Denim", weil es aus dem Textilzentrum Nîmes kam.

Die moderne Jeans war geboren. Doch lange Zeit geriet sie wieder in Vergessenheit. Niemand wollte diese im Alltag tragen, da sie als Erstes von Goldgräbern in San Francisco getragen worden war, und deshalb einen Ruf als einfache Arbeiterkleidung hatte.

Das „Zweite Wunder" geschah in den 60er Jahren, als die amerikanische Jugend die Jeans wiederentdeckte. Die Jeans wurden zur „Uniform der Nonkonformisten". Eine riesige Nachfrage nach diesem Kleidungsstück ergriff die ganze Welt. Das hatte zur Folge, dass sogar der Indigo knapp wurde, und die Preise extrem in die Höhe schnellten.

Kulturgeschichtlich ist diese „Revolution" besonders bemerkenswert. Zum ersten Mal gab es eine Modeströmung, die die ganze Welt erfasste. Sie machte keinen Halt vor unterschiedlichen Kulturen, Geschlechtern, Generationen und politischen Systemen auf der Welt. Selbst in den osteuropäischen Staaten, die dem Westen eher kritisch gegenüber eingestellt waren, wandelte sich dank der Jugend die Jeans von einer einfachen Arbeiterkluft zu Gebrauchsmode bis hin zur Freizeitkleidung. Selbst auf den Laufstegen in Paris und Mailand findet man Blue-Jeans-Varianten.

Über Jahrtausende wandelte sich Indigo vom exklusiven teurem „Edelfarbstoff" von Mumien, Madonnen und Kaisern bis hin zum billigen globalen „Massenfarbstoff". Kein anderer Farbstoff weist eine solch vielschichtige Entwicklung auf.

Abb.12: Mit Indigo angemalte Madonna

Abb.13: Blue Jeans: Symbol für Respektlosigkeit und Unkonventionelles

2.2.3 Industrielles Färben

Heutzutage wird der Indigo zu 99 Prozent zum Färben von Jeans verwendet. Die jährliche Produktion von Farbstoff auf der Welt liegt bei ca. 17.000 t, wobei 40 Prozent von der BASF in Ludwigshafen hergestellt werden. Zur Färbung einer Jeans werden ca. 10 g Indigo benötigt. Die Färbetechnik der Küpenfärbung hat sich bis heute noch nicht verändert. Es wird auch noch mit dem gleichen Verfahren wie vor Jahrhunderten gefärbt, jedoch in großtechnischer Umsetzung. Das sogenannte „Kontinuierliche Färben" (von der BASF entwickelt) ist das meist angewandte Verfahren.

Da der verküpte Indigo nur eine geringe Haftung auf der Baumwolle oder Seide hat, erhält man beim Färben in konzentrierten Farbküpen zwar schon in einem Durchgang einen tiefen Blauton, jedoch nur Färbungen mit geringen Echtheitseigenschaften. Aus diesem Grund färbt man Baumwollkettgarne als lange Ketten mit bis zu fünf Durchgängen. Unter einem Durchgang versteht man den Zug des Garns durch eine Indigotauchküpe mit anschließendem Abquetschen und einer Luftoxidation. Nach der Oxidation erfolgt dann ein erneuter Durchgang durch die Tauchküpe, bei dem der „alte" oxidierte Indigo größtenteils im Gewebe bleibt und „frischer" Indigo wieder aufgenommen werden kann. Je mehr Durchgänge stattfinden, desto dunkler und intensiver wird der Farbton der Baumwolle. Nach dem letzten Durchgang werden in der Nachbehandlungsphase nicht fixierte Farbstoffteilchen sowie die Färbechemikalien ausgespült.

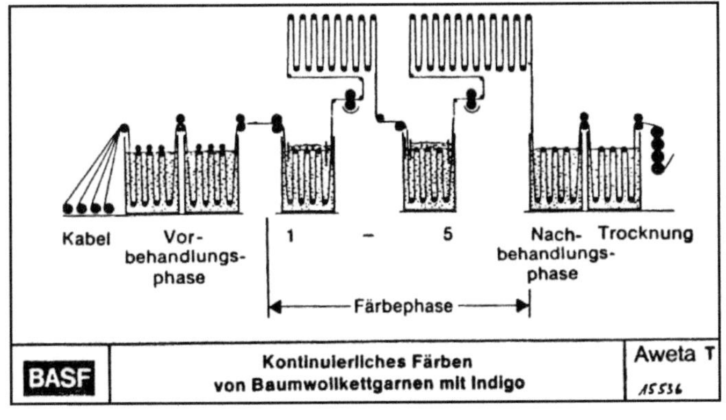

![BASF]	Kontinuierliches Färben von Baumwollkettgarnen mit Indigo	Aweta T

Abb.14

Dieses Verfahren ermöglicht ein schnelles effizientes Färben von Baumwolle mit Indigo.

2.3 Die Resistenz der Jeans gegen-
über Chemikalien und Umwelt-
einflüssen

Im praktischen Teil meiner Arbeit werde ich die Robustheit der mit Indigo gefärbten Jeans auf verschiedene Einflüsse wie z.B. von Chemikalien und durch die Umwelt testen. Es ist interessant herauszufinden, was eine Jeans alles so aushält.

Ist der Farbstoff wirklich so lichtecht und resistent, wie es immer heißt? Dies möchte ich herausfinden.

Im Folgenden werden Versuche durchgeführt, bei denen jedes Mal keine „echte" Jeans verwendet wird, sondern kleine gefärbte Stoffstücke (5x10cm). Doch bevor die Versuche stattfinden, werden erst einmal die Stoffstücke gefärbt.

2.3.1 Versuch: Küpenfärbung

Als Geräte benötigt man: Porzellanmörser, Pipette, Messpipette, 600 ml Becherglas, Magnetrührer, Waage, Bunsenbrenner und einen Dreifuß mit Drahtgeflecht.

Außerdem braucht man folgende Chemikalien: Indigo, destilliertes Wasser, Natronlauge (c = 2 mol/L) und Natriumdithionit.

Zur Durchführung: 0,3 g Indigo werden im Porzellanmörser mit etwas destillierten Wasser verrieben und anschließend 10 mL Natronlauge zugegeben. Diese Suspension wird in ein Becherglas mit 100 mL destilliertes Wasser gegeben. Zusätzlich werden 2 g Natriumdithionit zugefügt. Anschließend wird das Becherglas mit der Indigolösung langsam erwärmt. Nach ca. sieben Minuten, wenn die Lösung eine dunkelgrüne Farbe angenommen hat, wird das Stoffstück kurz darin getränkt, anschließend unter fließendem Wasser gewaschen und dann zum Trocknen an die Luft gehängt.

Man kann nun Folgendes beobachten: Nach kurzer Zeit fängt der Farbstoff an, sich zu lösen und die zuvor dunkelblaue Lösung färbt sich dunkelgrün. Die sogenannte Indigoküpe ist entstanden. Taucht man den Baumwollstoff in diese Lösung ein, so verfärbt er sich zunächst ähnlich dunkelgrün, jedoch beim Waschen unter fließendem Wasser nimmt der Stoff zunehmend den typisch blauen Indigofarbton an.

Die Erklärung / Auswertung des Versuchs ist unter „2.1.4 Die Küpenfärbung" zu finden.

Die obige Versuchsanleitung beruhte auf: Franziska Behrmann (2007): Textilfärberei, http://www.cfg-luis.de/Lehrer/ZimmermannR/Chemie/Jahrgangsstufe%2013/ &download=Textilfaerberei_Behrmann.pdf, zuletzt aufgerufen am 28.04.2011

Abb.15: Die gefärbten Stoffstücke

2.3.2 Test mit unterschiedlichen pH – Werten (1 – 14)

Zuerst werden Lösungen in Reagenzgläsern unterschiedlichen pH-Wertes hergestellt. Hierbei wird anfangs von einer „Startlösung" mit HCl (pH = 1) bzw. NaOH (pH = 14) 1 mL in 9 mL destilliertem Wasser gegeben. Dadurch erhält man eine Lösung mit pH-Wert 2 bzw. 13. Daraufhin vermischt man 1 mL HCl - Lösung mit pH-Wert 2 bzw. 1 mL NaOH - Lösung mit pH-Wert 13 wieder mit 9 mL destilliertem Wasser. Dadurch erhält man eine Lösung mit pH 3 bzw. 12. Dieses Verfahren wird dann immer weiter fortgeführt, bis man ein ganzes „pH - Spektrum" von 1 - 14 bekommt.

Jetzt kann der eigentliche Versuch beginnen. Es werden sechs Indigostoff-stücke mit jeweils ein paar Tropfen von den Lösungen mit pH - Wert 1, 3, 5, 9, 12 und 14 beträufelt. Nach kurzer Zeit (ca. 30 Minuten) kann man keine Veränderungen in Form von Ausbleichung etc. gegenüber den „Originalen" feststellen. Sodann werden die Stoffstücke halbiert und die eine Hälfte wird über längere Zeit (ein paar Tage) liegen gelassen und der andere Teil bleibt in dem jeweilige Reagenzglas mit dem pH - Wert über ein paar Tage eingetaucht.

Aber auch nach zwei Tagen haben sich weder die beträufelten, die an der Luft waren, noch die im sauren bzw. basischen Milieu „eingeweichten" Stoffstücke optisch verändert. Weder ist das Blau blasser geworden, noch sind sie ganz ausgebleicht, noch haben sie sich anders gefärbt.
Dieses Ergebnis ist überraschend, da die Vermutung nahe liegt, dass eine sehr saure oder basische Lösung, die sonst auch sehr aggressiv ist, das Jeansblau verändert. Bei diesen Versuch habe ich ein völlig anderes Ergebnis erwartet. Trotzdem wird der Versuch noch ein paar Tage lang weitergeführt. Das Interessante ist, dass auch nach fünf bzw. acht Tagen keinerlei Veränderungen an den Stoffstücken festzustellen sind.

Als **Ergebnis** kann man festhalten, dass der Farbstoff Indigo in der Baumwolle wie „eingeschweißt" ist und saure bzw. basische Lösungen der Blaufärbung nichts anhaben können.

2.3.3 Reaktion mit konzentrierter Säure und Base

Nachdem ich im vorherigem Versuch nachgewiesen habe, dass Blue Jeans gegenüber Lösungen im pH - Bereich von 1 - 14 resistent sind, wird nun das Stoffstück saurer und basichen Lösungen höherer Konzentration ausgesetzt.

Zuerst wird die Reaktion mit konzentrierter Salzsäure ausgeführt (es wird Salzsäure verwendet, da Schwefelsäure sofort die Baumwollfaser angreift und diese sich dann auflöst). Bei diesem Versuch füllt man ca. 60 mL konz. HCl - Lösung in ein Reagenzglas und taucht anschließend das Stoffstück darin ein.

Nach ca. 30 Minuten ist keine Veränderung festzustellen. Daraufhin wird wie beim vorherigen Versuch die Lösung über mehrere Tage stehen gelassen und beobachtet.

Nach drei Tagen kann man tatsächlich eine Veränderung sehen. Das Stoffstück ist jetzt deutlich dunkler als zuvor, und das „Lösungswasser" hat sich leicht mit Indigo blau gefärbt.

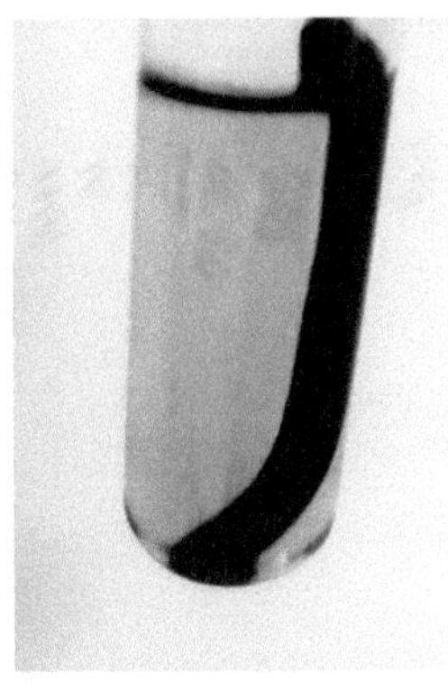

Abb.16: Die Lösung hat sich leicht dunkelblau gefärbt.

Abb.17: Man erkennt deutlich den Unterschied zwischen dem dunkelblauen Stoffstück, was in konz. HCl - Lösung lag und dem helleren, welches in einer Lösung mit pH = 1 eingetaucht war.

Darüber hinaus kann man nach sechs Tagen beobachten, dass sich die Baumwolle durch die starke Säure zersetzt hat und in kleine Stücke auseinander reißt, wenn man diese berührt.

Des Weiteren wird der gleiche Versuch auch noch mit konzentrierter Natronlauge durchgeführt. Doch zuerst muss eine konzentrierte Lösung „frisch" hergestellt werden. Dazu gibt man sechs Natriumhydroxidplätzchen in ein Reagenzglas und gibt 60 mL destilliertes Wasser hinzu. Anschließend taucht man das Stoffstück darin ein. Nachdem nach ca. 30 Minuten noch nichts zu beobachten ist, lasse ich die Lösung mit der gefärbten Baumwolle über mehrere Tage stehen. Nach drei Tagen kann man auch hier eine Veränderung feststellen. Das Stoffstück hat sich genau so dunkel gefärbt wie beim Versuch mit konzentrierter Salzsäure. Die Lösung bleibt jedoch durchsichtig und hat sich nicht leicht dunkelblau gefärbt. Konzentrierte Natronlauge scheint wohl nicht so aggressiv zu sein wie konzentrierte Salzsäure.

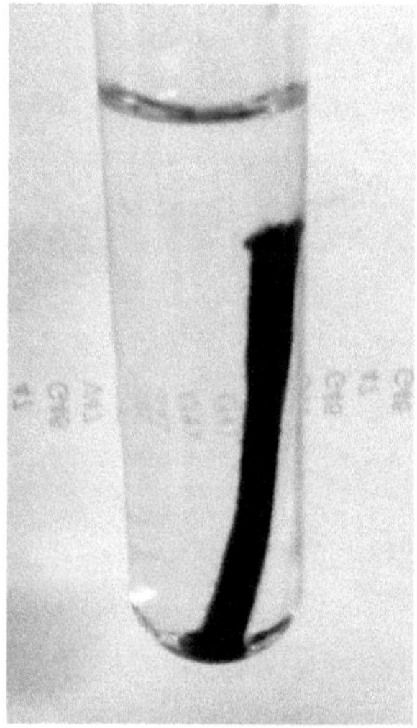

Abb.18: Die Lösung bleibt durchsichtig, aber das Stoffstück hat sich dunkelblau gefärbt.

Nach sechs Tagen kann man keine weiteren Veränderungen als nach drei Tagen sehen. Eine Zersetzung der Baumwolle wie beim Versuch mit konzentrierter Salzsäure findet nicht statt.

Eine Erklärung für eine dunkelblaue Färbung, die nur bei konzentrierter Säure und Base eintritt, ist, dass aufgrund einer Verlagerung des chemischen Gleichgewichts ein verstärkter bathochromer Effekt vorliegt als im „normalen" Indigomolekül.

Dadurch, dass der Indigo mit Oxonium- bzw. Hydroxidionen reagiert, bildet sich ein positiv bzw. negativ geladenes Indigomolekül, welches zwei Antiauxochrome bzw. zwei Auxochrome besitzt. Diese sorgen für einen bathochromen Effekt, welcher das Absorptionsspektrum in den längerwelligen Bereich verschiebt, was zur Folge hat, dass Licht dunkelroter Wellenlänge absorbiert wird und damit seine Komplementärfarbe dunkelblau emittiert wird.

Bei dem Versuch „Test mit unterschiedlichen pH-Werten (1-14)" findet diese Reaktion auch statt, aber aufgrund von einer schwachen Säure- und Basekonzentration, bilden sich nur wenig geladene Indigomoleküle.

Eine Erhöhung der Konzentration bewirkt, dass das chemische Gleichgewicht dieser reversiblen Reaktion auf die Produktseite verschoben wird und sich dadurch mehr geladene Indigomoleküle bilden, die einen verstärkten bathochromen Effekt haben und dadurch die Dunkelblaufärbung verursachen.

Abb.19: Reaktionsgleichung mit konz. Säure

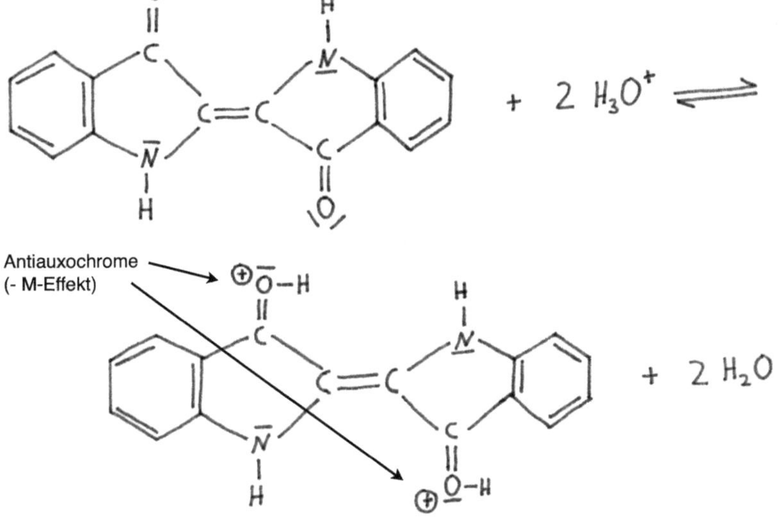

Für die Reaktionsgleichung im Basischen siehe Anhang 8.

Zusammenfassend kann man also zu den Versuchen mit Säuren und Basen sagen, dass die Blue Jeans gegenüber „normalen" pH - Werten von 1 - 14 resistent ist und sich selbst nach über einer Woche nicht verändert.

Nur mit „härteren" Chemikalien wie konzentrierten Säuren und Basen kann die Blue Jeans in ihrer Farbe verändert werden, allerdings nur geringfügig.

2.3.4 Test mit dem Bleichmittel Wasserstoffperoxid

Wasserstoffperoxid (H_2O_2) ist bekanntlich ein starkes Bleichmittel, mit dem zum Beispiel Haare blond gefärbt werden können. H_2O_2 entfärbt also Haare. Dieses Phänomen sollte man daher auch bei der Blue Jeans beobachten können, dass sich die Jeans entfärbt.

Bei diesem Versuch gibt man eine Stoffprobe in ein Reagenzglas mit 60 mL 30%igem H_2O_2. Nach ca. 30 Minuten kann man im Gegensatz zu den vorherigen Versuchen eine Gasbildung beobachten. Bei dem Gas handelt es sich wahrscheinlich um Sauerstoff. Es scheint sich also schon etwas in Richtung „Bleichen" zu tun. Aus diesem Grund wird der Versuch über mehreren Tagen weiterbeobachtet. Nach drei Tagen kann man noch nichts Neues sehen. Es findet immer noch eine geringe Gasbildung statt, aber weder hat sich das Stoffstück verfärbt noch ist die Lösung, wie bei den vorherigen Versuchen, blau geworden. Auch nach sechs Tagen Beobachtung liegt immer noch der gleiche Zustand vor, der schon im ersten bzw. nach drei Tagen zu sehen war.

Als **Ergebnis** ist festzuhalten, dass die Blue Jeans gegenüber einem Bleichmittel wie Wasserstoffperoxid vollkommen unerwartet „stabil" ist und sich nicht ausbleichen bzw. umfärben lässt.

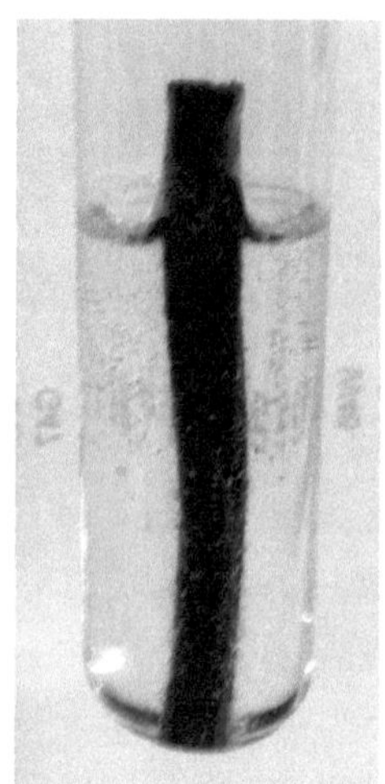

Abb.20: Man erkennt, wie sich kleine Blasen bilden. Die Stoffprobe ist auf dem Foto leider etwas dunkelblauer dargestellt, als sie in Wirklichkeit war.

2.3.5 Reaktion mit dem Reduktionsmittel Natriumdithionit

Bei diesem Versuch wird „erforscht", ob sich die Blue Jeans wieder in die weiße Leukoform umfärben lässt. Dies wird mit dem Reduktionsmittel Natriumdithionit ($Na_2S_2O_4$) und später mit einem anderen umgesetzt. Ersteres wurde auch schon bei der Küpenfärbung eingesetzt (s. „2.1.4 Die Küpenfärbung"). Hierbei wurde es verwendet, um das blaue wasserunlösliche Indigopulver in eine wasserlösliche Leukoform zu überführen. Dieser Schritt müsste eigentlich nicht nur bei der Färbung, sondern auch „danach" funktionieren, also um eine mit Indigo gefärbte Jeans wieder in die Leukoform zu versetzen.

Bei dem Versuch gibt man 0,5 g Natriumdithionit mit 10 mL destilliertem Wasser in ein Becherglas. Anschließend wird die Stoffprobe hinzugegeben. Ohne Erwärmung findet natürlich keine Reaktion statt, denn auch bei der Küpenfärbung musste man erwärmen. Wenn die Lösung erwärmt wird, kann man schon nach ein paar Minuten eine schwache Entfärbung feststellen, die immer stärker wird. Nach ca. fünf Minuten hat sich das Stoffstück komplett entfärbt und liegt in der weißen Leukoform vor. Anschließend wird der Stoff unter Wasser ausgespühlt. Der Sinn dahinter ist, dass wieder wie bei der Küpenfärbung eine Oxidation stattfinden soll, bei der sich das weiße Stoffstück blau färbt und so wieder die „echte" Indigoform auf der Baumwollfaser zurückgebildet wird.

Und tatsächlich, es funktioniert. Der Stoff färbt sich zuerst nur ganz leicht blau. Nach zehn Minuten allerdings ist wieder der Ausgangsblauton erreicht.

Abschließend wird der Versuch mit einem anderen Reduktionsmittel, nämlich Natriumsulfit, durchgeführt. Hierbei findet allerdings auch nach Erwärmung keine Reaktion statt.

Abb.21: Der weiße Fleck ist noch die nicht-oxidierte „Leukoform".

Zusammenfassend kann man also sagen, dass die Blue Jeans nur eine „Schwäche" gegenüber dem Reduktionsmittel Natriumdithionit hat und sich dadurch entfärbt. Ein anderes Reduktionsmittel hat nichts bewirkt.

2.3.6 Bestrahlung mit UV–Strahlen bzw. Sonnenlicht

Der letzte Versuch besteht darin zu prüfen, wie lichtecht die Blue Jeans eigentlich gegenüber UV - Licht ist. Bei dem Experiment wird simuliert, wie sich eine Jeans verhält, wenn sie neun Tage lang im Sommer, fünf Stunden pro Tag in der Mittags- und Nachmittagssonne getragen wird.

Hierbei wurde das Stoffstück neun Tage lang auf ein Fensterbrett gelegt, auf dem fünf Stunden am Tag die Sonne mit großer Kraft hineinschien. Der UV - Index in der Woche lag laut Wetterbericht bei 7 (Maximum=10) und die Strahlungsintensität war „sehr hoch". Nach neun Tage Bestrahlung war zu sehen, dass die Stoffprobe deutlich blasser wurde. Es hatten sich z.T. weiße, helle Flecken gebildet.

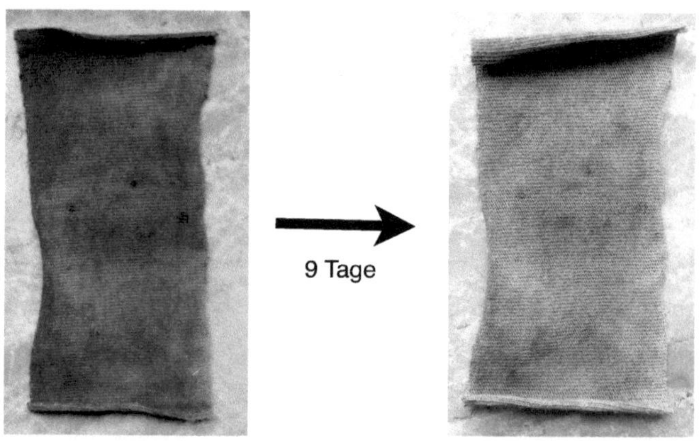

Abb.22: Stoffstück vor der Sonnenlichtbestrahlung

Abb.23: Stoffstück nach der Sonnenlichtbestrahlung

Eine Erklärung hierfür wäre, dass die UV-Strahlen so aggressiv und intensiv sind, dass sie die Kraft haben, das Indigomolekül in zwei Indoxlmoleküle zu spalten. Das Indoxyl ist nämlich farblos, womit man die hellen weißen Flecken erklären könnte.

3. ZUSAMMENFASSUNG UND AUSBLICK

Abschließend ist festzuhalten, dass der Farbstoff Indigo, mit welchem die Blue Jeans gefärbt werden, eines der faszinierendsten Moleküle mit einer wechselvollen und einflussreichen Geschichte ist. Kein anderes Molekül hat sich so „entwickelt". Seine Gewinnung aus Pflanzen und seine chemischen sowie farbigen Eigenschaften machen ihn zu etwas ganz Besonderem. Auch mit seiner Färbetechnik, der Küpenfärbung, ist er einmalig.

Als Adolf von Baeyer die Struktur aufklärte und einen Weg zur technischen Synthese gefunden hatte, war es schon der halbe Schritt in Richtung Blue Jeans. Aber erst mit Karl Heumann und Johannes Pfleger konnte man den Jeansfarbstoff großtechnisch herstellen und verkaufen, wobei die BASF die Hauptrolle spielte.

Doch ohne Levi Strauss würde heute die Jeans vielleicht ganz anders aussehen oder es gäbe sie überhaupt nicht, denn er war es, der die geniale Idee dieses tollen Kleidungsstücks hatte.

Wie die Tests der Blue Jeans auf verschiedene Chemikalien und Umwelteinflüssen gezeigt haben, ist die Jeans doch robuster als ursprünglich angenommen. Erst durch aggressivere Mittel und Einflüsse wie konzentrierte Säuren und Basen oder starken UV-Strahlen zeigt sie geringfügige Veränderungen. Aber eine komplette Veränderung findet nicht statt.

Eines jedoch bleibt für die Zukunft sicher: Der Indigo wird uns auf seinem erfolgreichem Weg seiner Entwicklung noch ein ganzes Stück begleiten.

Abb.25

4. Literatur- und Quellenverzeichnis

Bücher:

- Beyer Hans, Walter Wolfgang: Lehrbuch der Organischen Chemie, S.Hirzel Verlag Stuttgart, Stuttgart, 1988, 21. völlig neu bearbeitete und erweiterte Auflage
- Breitmaier Eberhard, Günther Jung: Organische Chemie II, Georg Thieme Verlag Stuttgart - New York, Stuttgart, 1983
- Hammar Friederike, Mädefessel - Hermann Kristin, Hans-Jürgen Quadbeck - Seeger: Chemie rund um die Uhr, Wiley - VCH Verlag GmbH & Co. KGaA, Weinheim, 2005
- Heathcock Clayton H., Streitwieser Andrew : Organische Chemie, VCH Verlagsgesellschaft mbH, Weinheim, 1986
- Müller Wolfgang, Pötsch Winfried R. : Vom Königspurpur zum Jeansblau, Urania - Verlag Leipzig/Jena/Berlin, Leipzig, 1883
- von Nagel, Alfred: Fuchsin, Alizarin, Indigo, Schriftenreihe des Firmenarchivs der Badischen Anilin- & Sodafabrik AG, Ludwigshafen/Rhein, 1970, 4. Aufl.
- Seefelder Matthias: Indigo in Kultur, Wissenschaft und Technik, ecomed Verlagsgesellschaft, Landsberg, 1994, 2. Aufl.
- Die BASF - eine Unternehmensgeschichte, Beck-Verlag, München, 2002

Internet:

- Behrmann Franziska (2007): Textilfärberei, http://www.cfg-luis.de/Lehrer/ZimmermannR/Chemie/Jahrgangsstufe%2013/ &download=Textilfaerberei_Behrmann.pdf, zuletzt aufgerufen am 28.04.2011
- Dutly Andreas (2003): Geschichte des Indigos, http://dutly.ch/indigohtml/ indigo1.html, zuletzt aufgerufen am 06.09.2011
- Meier Helmut(o.J.): Indigoide Farbstoffe, http://www.chids.de/dachs/expvortr/ 412IndigoideFarbstoffe_Meier_Scan.pdf, zuletzt aufgerufen am 06.09.2011
- Roos Caroline (1998): Textilfärberei, http://www.chids.de/dachs/expvortr/ 583Textilfaerberei_Roos_Scan.pdf, zuletzt aufgerufen am 06.09.2011

- Thomas Seilnacht (o.J.): Lexikon der Farben - Indigo,
  http:/www.seilnacht.com/Lexikon/Indigo.htm, zuletzt aufgerufen am
  06.09.2011
- http://de.wikipedia.org/wiki/Indigo, zuletzt aufgerufen am 01.09.2011
- Gymnasium Ohmoor (2001): Versuch: Blaufärben mit Indigo,
  http://www.bautschweb.de/chemie/blaumach.htm, zuletzt aufgerufen am
  06.09.2011

Bilder:

- Abbildung 2: http://farm4.static.flickr.com/3023/2764363467_1c998e045f.jpg,
  zuletzt aufgerufen am 31.10.2011
- Abbildung 3: http://static.zoonar.de/img/www_repository3/01/41/2f/
  10_adf470d9a8281668da094ec176d8b589.jpg, zuletzt aufgerufen am
  31.10.2011
- Abbildung 4: Wolfgang Walter, Hans Beyer: Lehrbuch der Organischen
  Chemie, S.Hirzel Verlag Stuttgart, Stuttgart, 1988, 21. völlig neu bearbeitete
  und erweiterte Auflage, S.728
- Abbildung 5: Caroline Roos (1998): Textilfärberei, http://www.chids.de/dachs/
  expvortr/583Textilfaerberei_Roos_Scan.pdf, S.8, zuletzt aufgerufen am
  06.09.2011
- Abbildung 6: Matthias Seefelder: Indigo in Kultur, Wissenschaft und Technik,
  ecomed Verlagsgesellschaft, Landsberg, 1994, 2. Aufl., S.62
- Abbildung 7: ebd., S.60
- Abbildung 8: Caroline Roos (1998): Textilfärberei, http://www.chids.de/dachs/
  expvortr/583Textilfaerberei_Roos_Scan.pdf, S.13, zuletzt aufgerufen am
  06.09.2011
- Abbildung 9: Matthias Seefelder: Indigo in Kultur, Wissenschaft und Technik,
  ecomed Verlagsgesellschaft, Landsberg, 1994, 2. Aufl., S.33
- Abbildung 10: ebd., S.38
- Abbildung 11: Die BASF - eine Unternehmensgeschichte, Beck-Verlag,
  München, 2002, Farbinnenteil mit Bildern

- Abbildung 12: Matthias Seefelder: Indigo in Kultur, Wissenschaft und Technik, ecomed Verlagsgesellschaft, Landsberg, 1994, 2. Aufl., S.30
- Abbildung 13: ebd., S.97
- Abbildung 14: Helmut Meier (o.J.): Indigoide Farbstoffe, http://www.chids.de/dachs/expvortr/412IndigoideFarbstoffe_Meier_Scan.pdf, S.11, zuletzt aufgerufen am 06.09.2011
- Abbildung 15: eigene Darstellung, 19.07.2011
- Abbildung 16: eigene Darstellung, 25.07.2011
- Abbildung 17: eigene Darstellung, 25.07.2011
- Abbildung 18: eigene Darstellung, 22.07.2011
- Abbildung 19: eigene Darstellung: 29.10.2011
- Abbildung 20: eigene Darstellung, 22.07.2011
- Abbildung 21: eigene Darstellung, 28.07.2011
- Abbildung 22: eigene Darstellung, 16.08.2011
- Abbildung 23: eigene Darstellung, 24.08.2011
- Abbildung 24: http://www.seilnacht.com/Lexikon/Indigo.htm, zuletzt aufgerufen am 06.09.2011 und teilweise eigene Darstellung
- Abbildung 25: Matthias Seefelder: Indigo in Kultur, Wissenschaft und Technik, ecomed Verlagsgesellschaft, Landsberg, 1994, 2. Aufl., S.98

- Anhang 1: http://www.seilnacht.com/Lexikon/Indigo.htm, zuletzt aufgerufen am 06.09.2011
- Anhang 2: Matthias Seefelder: Indigo in Kultur, Wissenschaft und Technik, ecomed Verlagsgesellschaft, Landsberg, 1994, 2. Aufl., S.47
- Anhang 3: ebd., S.56
- Anhang 4: Franziska Behrmann (2007): Textilfärberei, http://www.cfg-luis.de/Lehrer/ZimmermannR/Chemie/Jahrgangsstufe%2013/&download=Textilfaerberei_Behrmann.pdf, S.14, zuletzt aufgerufen am 28.04.2011
- Anhang 5: Matthias Seefelder: Indigo in Kultur, Wissenschaft und Technik, ecomed Verlagsgesellschaft, Landsberg, 1994, 2. Aufl., S.41
- Anhang 6: ebd., S.20
- Anhang 7: ebd., S.24
- Anhang 8: eigene Darstellung, 29.10.2011

6. ANHANG

Anhang 1:

Gärung und Oxidation des Indicans zu Indigo

Anhang 2:

Adolf von Baeyer

Anhang 3:

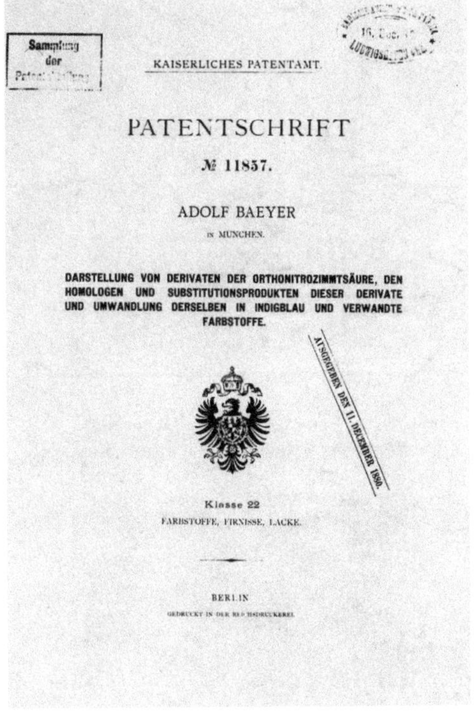

1880: Baeyers Patentschrift

Anhang 4:

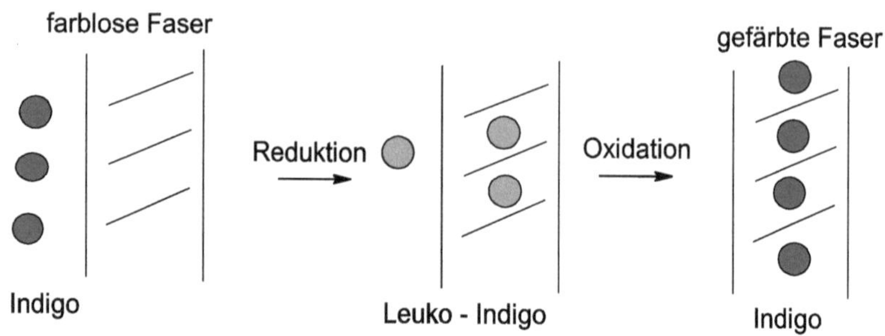

Schematische Darstellung der Küpenfärbung

Anhang 5:

Der Holzschnitt von Jost Amman aus dem 16.Jhd. zeigt, wie ein Färber das Gewebe durch die Küpe zieht. Ein anderer hängt das Tuch an die Luft, wo dann der blaue Farbton entsteht.

Anhang 6:

Ausgrabungsstätte in Pakistan mit Indigofunden

Anhang 7:

Thorsberger „Prachtmantel"

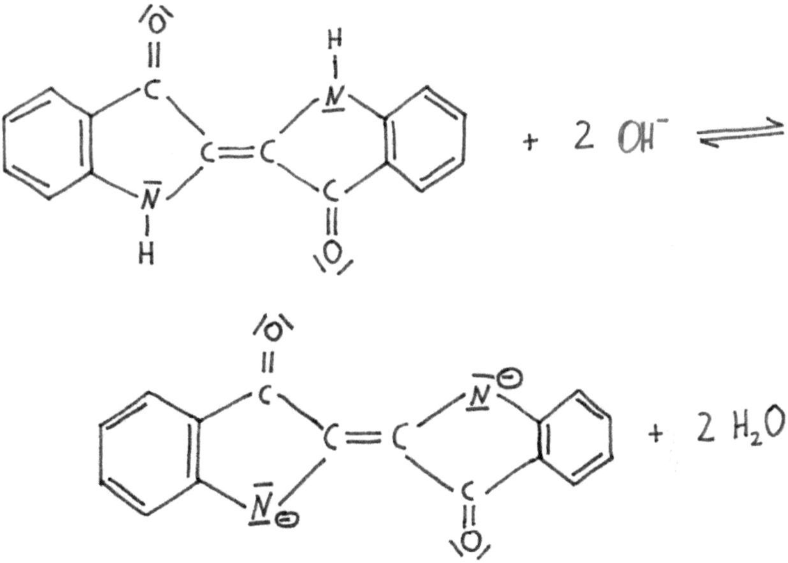

Reaktionsgleichung mit konz. Base